INTERIOR
DESIGN MODEL
LIBRARY

MODERN CHINESE
STYLE

室内设计
模型集成

现代中式风格家居

叶

斌

叶

猛

著

 海峡出版发行集团 | 福建科学技术出版社
THE STRAITS PUBLISHING & DISTRIBUTING GROUP | FUJIAN SCIENCE & TECHNOLOGY PUBLISHING HOUSE

作者简介 AUTHOR PROFILE

叶 斌 Ye Bin

◆ 高级建筑师
◆ 国广一叶装饰机构首席设计师
◆ 福建农林大学兼职教授
◆ 南京工业大学建筑系建筑学学士
◆ 北京大学 EMBA
◆ 中国室内设计学会理事

荣 誉

· 当选 2019 年度中国十大杰出建筑装饰设计师
· 当选 2015~2019 年度福建室内设计领军人物
· 当选 2013~2015 年度福建省最具影响力设计师（排名第一）
· 荣获"中国室内设计杰出成就奖"
· 当选 2009 "金羊奖"中国十大室内设计师
· 当选中国建筑装饰行业建国 60 年百名功勋人物
· 当选 1989~2009 年中国杰出室内设计师
· 当选 1997~2007 年中国家装十年最具影响力精英领袖
· 当选 1989~2004 年全国百位优秀室内设计师
· 当选 2004 年度中国室内设计十大封面人物
· 当选 2002 年福建省室内设计十大影响人物（第一席位）

著 作

1. 《室内设计图典》（3 册）
2. 《装饰设计空间艺术·家居装饰》（3 册）
3. 《装饰设计空间艺术·公共建筑装饰》
4. 《建筑外观细部图典》
5. 《国广一叶室内设计模型库·家居装饰》（3 册）
6. 《国广一叶室内设计模型库·公建装饰》
7. 《国广一叶室内设计》
8. 《国广一叶室内设计模型库构成元素》（2 册）
9. 《室内设计立面构图艺术》系列
10. 《国广一叶室内设计模型库》系列
11. 《家居装饰·平面设计概念集成》
12. 《概念家居》《概念空间》
13. 《2009 室内设计模型》系列（5 册）
14. 《2010 家居空间模型》系列（3 册）
15. 《2010 公共空间模型》系列（2 册）
16. 《2011 家居空间模型》系列（3 册）
17. 《2011 公共空间模型》
18. 《2012 室内设计模型集成》系列（5 册）
19. 《2013 公共空间模型集成》系列（2 册）
20. 《2013 家居空间模型集成》系列（3 册）
21. 《2014 空间模型集成》系列（5 册）
22. 《2015 室内设计模型集成》系列（5 册）
23. 《2015 名师家装新图集》系列（3 册）
24. 《2016 公共空间模型库》
25. 《2016 家居空间模型库》系列（4 册）
26. 《新家居装修与软装设计》系列（4 册）
27. 《2017 公共空间模型库》
28. 《2017 家居空间模型库》系列（4 册）
29. 《经典家居设计》系列（4 册）
30. 《2018 年室内设计模型集成》系列（4 册）
31. 《2019 年室内设计模型集成》系列（4 册）
32. 《设计理想的家》系列（4 册）
33. 《2020 年室内设计模型集成》系列（4 册）

获奖设计作品

犀语 / 2020 年第 13 届国际室内设计双年展金奖
静穆 / 2020 年第 13 届国际室内设计双年展银奖
当高级灰遇上轻奢 / 2020 年第 13 届国际室内设计双年展银奖
阜山 / 2020 年第 13 届国际室内设计双年展银奖
鑫海湾 GUO HOME / 2020 第 10 届中国国际空间设计大赛（中国建筑装饰设计奖）居住空间（商品房）方案类金奖
蓝境 -HOUSE / 2020 第 10 届中国国际空间设计大赛（中国建筑装饰设计奖）居住空间（别墅）工程类金奖
茶瓯香篆小帘栊 / 2020 第 10 届中国国际空间设计大赛（中国建筑装饰设计奖）居住空间（商品房）工程类金奖
岩 / 2020 第 10 届中国国际空间设计大赛（中国建筑装饰设计奖）酒店空间方案类金奖
MO LI / 2020 第 10 届中国国际空间设计大赛（中国建筑装饰设计奖）商业空间方案类金奖
荔松家电钢板有限公司办公楼 / 2020 第 10 届中国国际空间设计大赛（中国建筑装饰设计奖）办公空间方案类银奖
本我 / 2020 第 10 届中国国际空间设计大赛（中国建筑装饰设计奖）居住空间（商品房）方案类银奖
卡夫·house / 2020 第 10 届中国国际空间设计大赛（中国建筑装饰设计奖）商业空间工程类银奖
Eldorado / 2020 第 10 届中国国际空间设计大赛（中国建筑装饰设计奖）商业空间工程类银奖
福建师范大学 24 小时书房 / 2020 第 10 届中国国际空间设计大赛（中国建筑装饰设计奖）商业空间工程类银奖
华尔顿 LIHOME / 2019 第 9 届中国国际空间设计大赛（中国建筑装饰设计奖）别墅空间方案类金奖
乐宴 / 2019 第 9 届中国国际空间设计大赛（中国建筑装饰设计奖）餐饮空间方案类银奖
余韵 / 2019 第 9 届中国国际空间设计大赛（中国建筑装饰设计奖）商品房、样品房空间方案类银奖
品·调 / 2019 第 9 届中国国际空间设计大赛（中国建筑装饰设计奖）商品房、样品房空间方案类铜奖
极 / 2019 第 9 届中国国际空间设计大赛（中国建筑装饰设计奖）商品房、样品房空间方案类铜奖

山序 / 2018 亚太空间设计大奖赛地产空间类 一等奖
莆田市荔松家电办公基地装饰工程 / 2017~2018 年度中国建筑工程装饰奖（公共建筑装饰类）
福州启迪之星办公装修工程 / 2017~2018 年度中国建筑工程装饰奖（公共建筑装饰类）
余韵 / 2018 第 12 届中国室内设计双年展金奖
无·色 / 2018 第 12 届中国室内设计双年展银奖
TIMES / 2018 第 12 届中国室内设计双年展银奖
简·木 / 2018 第 12 届中国室内设计双年展银奖
长乐禅修中心 / 2018 第 12 届中国国际室内设计双年展银奖
灵·动 / 2018 第 12 届中国室内设计双年展银奖
长乐禅修中心 / 2016~2017 年 APDC 亚太室内设计精英邀请赛展览空间方案类大奖
听海 / 2016~2017 年 APDC 亚太室内设计精英邀请赛住宅空间工程类大奖
FORUS VISION / 2017 年第 20 届中国室内设计大奖赛零售商业类 金奖
听海 / 2017 年第 20 届中国室内设计大奖赛住宅类 铜奖
爱家微运动公社 / 2017 年第 7 届中国国际空间设计大赛（中国建筑装饰设计奖）娱乐会所空间方案类 金奖
皇帝洞廊桥主题酒店 / 2017 年第 7 届中国国际空间设计大赛（中国建筑装饰设计奖）酒店空间方案类 银奖
长乐电力大楼 / 2015~2016 年度中国建筑工程装饰奖（公共建筑装饰类）
叶禅赋 / 2016 第 11 届中国国际室内设计双年展金奖
FORUS / 2016 第 11 届中国国际室内设计双年展金奖
Lee House / 2016 第 11 届中国国际室内设计双年展金奖
静·念 / 2016 第 11 届中国国际室内设计双年展银奖
仕林东湖 / 2016 第 11 届中国国际室内设计双年展银奖
白悦 / 2016 第 11 届中国国际室内设计双年展银奖
一扇窗，漫一室 / 2016 第 11 届中国国际室内设计双年展银奖
溪山温泉度假酒店（实例）/ 2014 年第 10 届中国国际室内设计双年展金奖
正兴养老社区体验中心 / 2014 年第 10 届中国国际室内设计双年展银奖
永福设计研发中心 / 2014 年度全国建筑工程装饰奖（公共建筑装饰类）

宇洋中央金座 / 2013 年第 16 届中国室内设计大奖赛铜奖
宁德上东曼哈顿售楼部 / 2013 年第 4 届中国国际空间环境艺术设计大赛（筑巢奖）优秀奖
福建洲际酒店 / 2012 年首届亚太金艺奖酒店设计大赛金奖
瑞莱春堂 / 2012 年第 4 届"照明周刊杯"照明应用大赛金奖
前线共和广告 / 2012 年第 15 届中国室内设计大奖赛金奖
前线共和广告 / 2012 年第 9 届中国室内设计双年展金奖
阳光理想城 / 2012 年第 9 届中国室内设计双年展金奖
福州情·聚春园 / 2012 年第 9 届中国室内设计双年展银奖
映·像 / 2012 年第 20 届亚太室内设计大奖赛铜奖
名城港湾157#103 / 2012 年第 3 届中国国际空间环境艺术设计大赛（筑巢奖）优秀奖
一信（福建）投资 / 2011 年第 14 届中国室内设计大奖赛金奖
福建科大永和医疗机构 / 2011 年中国最成功设计大赛最成功设计奖
素丽娅泰 SPA / 2010 年第 8 届中国室内设计双年展金奖
摩卡小镇售楼中心 / 2010 年第 8 届中国室内设计双年展银奖
素丽娅泰 SPA / 2010 年亚太室内设计双年展大奖赛商业空间设计银奖
繁都魅影 / 2010 年亚太室内设计双年展大奖赛住宅空间设计银奖
繁都魅影 / 2010 年亚洲室内设计大奖赛铜奖
中央美苑 / 2010 海峡两岸室内设计大赛金奖
繁都魅影 / 2010 海峡两岸室内设计大赛金奖
光·盒中盒 / 2010 海峡两岸室内设计大赛金奖
皇帝洞书院 / 2009 年"尚高杯"中国室内设计大奖赛 2 等奖
北湖皇帝洞景区会所 / 2008 年第 7 届中国室内设计双年展金奖
点房财富中心 / 2007 年"华耐杯"中国室内设计大奖赛 2 等奖
大家会馆（实例）/ 2006 年第 6 届中国室内设计双年展金奖
书香大第销售中心 / 2006 年第 6 届中国室内设计双年展金奖
内蒙古呼和浩特市中级人民法院 / 2004 年中国第 5 届室内设计双年展铜奖
厦门奥林匹亚中心 / 2004 年中国第 5 届室内设计双年展铜奖
另 139 项设计作品荣获福建省室内设计大奖赛一等奖、金奖。

叶 猛 Ye Meng

◆ 国广一叶装饰机构副总设计师
◆ 福州大学建筑学学士、中南大学硕士
◆ 国家一级建筑师、一级建造师、高级工程师
◆ 福建省室内装饰协会 副会长
◆ 福建省室内设计师协会 副会长
◆ 福建省创意设计产业协会 副会长
◆ 中国建筑学会室内设计分会 理事

荣誉与著作

· 2020 福建省室内装饰设计精英人物
· 2020 福建设计十佳品牌人物
· 2013 年 CIID 福州优秀青年室内设计师
· 1989~2009 年 CIID 中国室内设计 20 年优秀设计师
· 设计作品多次获得筑巢奖、金梁奖，照明周刊杯、中国国际室内设计双年展、中国国际空间设计大赛金奖、银奖等奖项
· 出版《建筑外观细部图典》《室内设计图像模型》等著作数十套

前言

国广一叶装饰机构拥有超 300 人的优秀设计师团队，作为"全国最具影响力室内设计机构"（中国建筑学会室内设计分会颁发），2020 年度、2019 年度及 2017 年度 CIID 中国室内设计大奖赛"最佳设计企业"（中国建筑学会室内设计分会颁发），"2019 年度中国建筑装饰杰出住宅空间设计机构"（中国建筑装饰协会颁发），"2018 年度中国十大杰出建筑装饰设计机构"（中国建筑装饰协会颁发），"2018 年度中国最佳设计机构"（中国建筑装饰协会颁发），"2016 年度中国建筑装饰杰出住宅空间设计机构"（中国建筑装饰协会颁发），"2015 年度中国建筑装饰设计机构 50 强企业"（中国建筑装饰协会颁发），"2013 年度住宅装饰装修行业最佳设计机构"（中国建筑装饰协会颁发），"2013 年度全国住宅装饰装修行业百强企业"（中国建筑装饰协会颁发），"2012 ~ 2013 年度全国室内装饰优秀设计机构"（中国室内装饰协会颁发），"2012 年中国十大品牌酒店设计机构"（中外酒店论证颁发），"2013 中国住宅装饰装修行业最佳设计机构"（中国建筑装饰协会颁发），"1989 ~ 2009 年全国十大室内设计企业"（中国建筑学会室内设计分会颁发），"1988 ~ 2008 年中国室内设计十佳设计机构"（中国室内装饰协会颁发），"1997 ~ 2007 年中国十大家装企业"（中国建筑装饰协会颁发），"福建省建筑装饰装修行业龙头企业"（福建省人民政府闽政文〔2014〕26 号颁发），"福建省建筑装饰行业协会会长单位"，曾荣获国际、国家及省市级设计大奖数千项。

国广一叶装饰机构首席设计师叶斌曾荣获"中国室内设计杰出成就奖"、并曾两次荣获"中国十大室内设计师"称号。副总设计师叶猛曾获"1989 ~ 2009 年中国优秀设计师"、"福建十大杰出（住宅空间）设计师"称号。另外，国广一叶装饰机构旗下曾有 51 名设计师被评为中国装饰设计行业优秀设计师，176 名设计师分别被评为福建省优秀设计师、福州市优秀设计师，149 名在职设计师分别荣获历届全国、福建省、福州市室内设计一等奖……

以上荣誉的获得与国广一叶装饰机构成立 25 年以来的设计成绩有关，国广一叶装饰机构的设计师们通过效果图将优秀设计创意淋漓尽致地表现出来。

自 2004 年至今，国广一叶装饰机构在福建科学技术出版社已陆续出版了 23 套，共 70 本模型系列图书，一直受到广大读者的支持与厚爱。为了不辜负广大读者的期望，我们继续推出《2021 室内设计模型集成》系列图书。这系列图书汇集了国广一叶装饰机构 2020 年制作的 800 多个风格各异的室内设计效果图及其对应的 3ds Max 场景模型文件，可供读者做室内设计时参考。

本书配套光盘的内容包含效果图原始 3ds Max 模型和使用到的贴图文件。由于 3ds Max 软件不断升级，此次的模型我们采用 3ds Max2014 及以上版本制作。模型按图片顺序编排，方便读者查阅和调用。必须说明的是，书中收录的效果图均为原始模型经过 VRay 渲染和 Photoshop 后期处理过的成图，为读者提供直观准确的参考，与 3ds Max 直接渲染的效果有一定区别。

著 者
2021 年 1 月

Guoguang Yiye Decoration Group has a team consisting of more than 300 outstanding designers. As the Most Influential Interior Design Company of China (issued by the Interior Design Branch of the Chinese Architectural Association), and the winner of Best Design Enterprise of the CIID China Interior Design Grand Prix in 2020 ,2019 and 2017 (issued by the Interior Design Branch of the Chinese Architectural Association), it has acquired thousands of international, national, provincial and municipal design awards. The awards also includes the Chinese Style Outstanding Residential Space Design Institution of Architectural Decoration of 2019 (issued by China Building Decoration Association),the Top 10 Outstanding Architectural Decoration Design Institutions of China of 2018 (issued by China Building Decoration Association),the Best Design Agency of China of 2018 (issued by China Building Decoration Association), the Chinese Style Outstanding Residential Space Design Institution of Architectural Decoration of 2016 (issued by China Architectural Decoration Association), the Top 50 Chinese Architectural Decoration Design Institutions of 2015 (issued by China Building Decoration Association), the Best Design Institution of Residential Decoration Industry of 2013 (issued by China Building Decoration Association), the Top 100 Enterprises of Chinese Residential Decoration Industry of 2013 (issued by China Building Decoration Association), the National Excellent Interior Decoration Design Agency from 2012 to 2013 (issued by China Interior Decoration Association), the Best Design Agency for Residential Decoration Industry of China of 2013 (by China Building Decoration Association), the Top Ten Brand Hotel Design Institutions of China of 2012 (issued by Chinese and foreign hotels), the Top 10 Interior Design Enterprises of China from 1989 to 2009 (issued by the Interior Design Branch of China Construction Association), the Top 10 Design Institutions of Chinese Interior Design from 1988 to 2008 (issued by China Interior Decoration Association), the Top 10 Decoration Enterprises of China from 1997 to 2007 (issued by China Building Decoration Association), the Leading Enterprise in Fujian's Building Decoration Industry (issued by Fujian Provincial People's Government Policy Notice of Fujian Province [2014] No. 26), and the President Unit of Fujian Building Decoration Industry Association.

In Guoguang Yiye Decoration Group, the chief architect, Mr. Bin Ye ,has won the award of Outstanding Achievement Award of Chinese Interior Design, and won the awards of China's Top 10 Interior Design Architects twice. Mr. Meng Ye, the deputy chief architect, was awarded Outstanding Architect of China (1989-2009) and Top 10 Outstanding Architects of Residential Decoration of Fujian Province. In addition, there are 51 architects in our group have been granted as Excellent designer in China's decoration design industry, and 176 architects have been awarded as Excellent Architect of Fujian province/Fuzhou, 149 architects have won top prizes of national, Fujian provincial or Fuzhou.

The achievements of the above are related to the 25 years of design industry experience of Guoguang Yiye Decoration Group and the designers of our decoration team who are capable of showing their outstanding design ideas completely through the renderings.

Since 2004, with the cooperation of Fujian Science and Technology Prublishing Company, Guoguang Yiye Decoration Group has published 70 books in total of 23 series of design model databases which have obtained readers' incredible support and affection. In order to live up to the expectations of the readers, we will continue to publish the book series, 2021 Interior Design Model Library. The new series consist of over 800 various styles of interior design renderings and their 3ds Max scenario model documentations created by Guoguang Yiye Decoration Group in 2020. They could also be used as beneficial references for readers who are interested in interior designing.

The enclosed DVD contains decoration effect drawings, original 3ds Max models and all the maps used. Due to the continuous upgrading of 3ds Max software, the versions of 2014 or above were adopted when we made the pictures of these models in order which is also convenient for readers to look them up and use them more easily. It should be noted that, all the effect drawings in the books are post-processing pictures rendered by VRay and Photoshop, in order to give an intuitive and precise reference for readers. So the effect drawing could be different from those which are rendered directly by 3ds Max.

Author
Jan 2021

目录 CONTENTS

客厅 LIVING ROOM

现代中式风格家居
MODERN CHINESE STYLE HOME

001

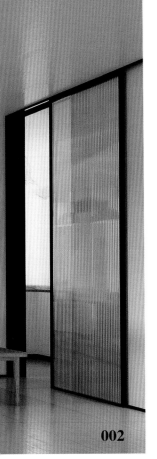

002

003

004

005

007

008

009

010

011

012

013

014

016

019

021

022

026

027

028

029

030

031

032

034

035

037

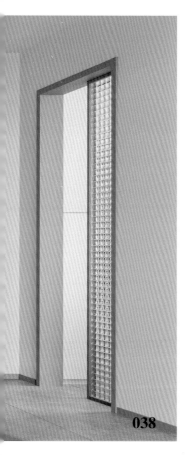

038

039

040

041

042

045

046

047

现代中式风格家居 MODERN CHINESE STYLE HOME

049

050

051

053

054

055

056

057

058

060

061

062

064

063

065

067

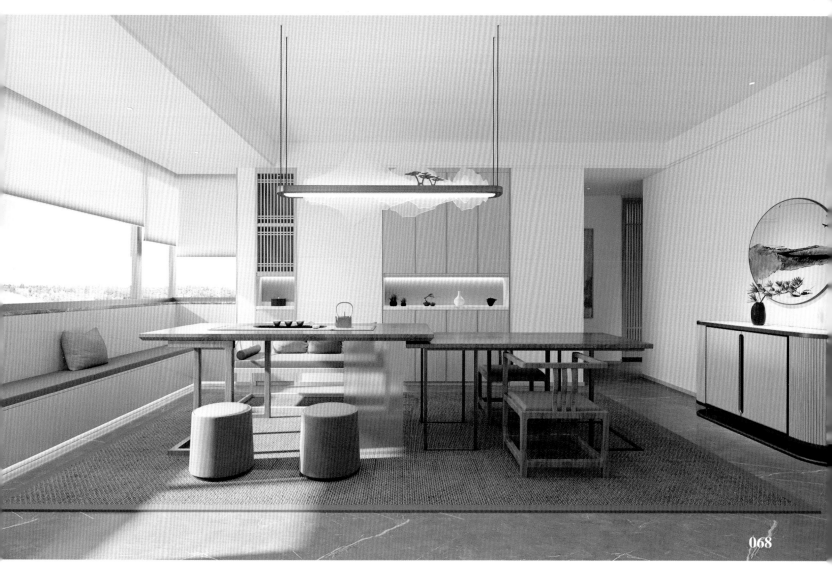

068

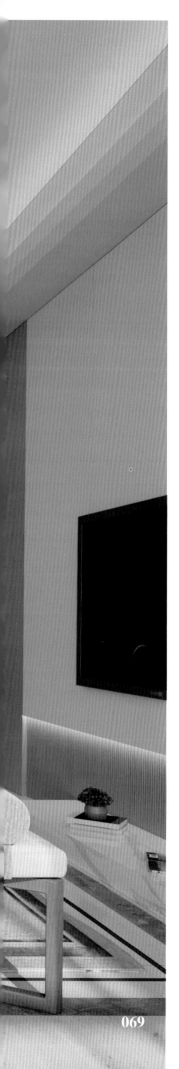

070

072

073

074

075

076

077

079

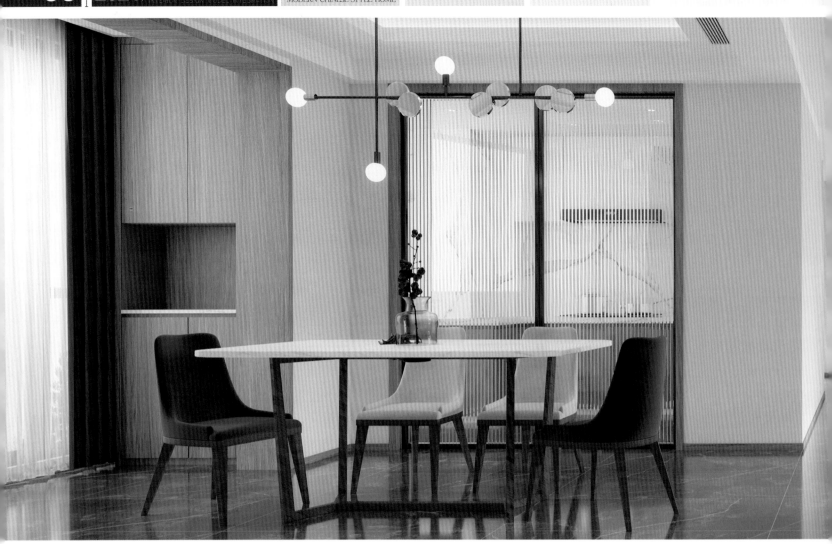

080

081

083

084

086

087

088

089

090

091

092

093

094

095

096

098

097

099

100

101

卧　室 BED ROOM

102

103

105

106

107

108

109

现代中式风格家居
MODERN CHINESE STYLE HOME

111

110

112

113

114

118

117

119

120

121

123

124

126

128

130

132

131

133

134

135

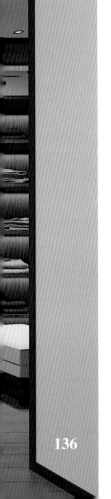

136

137

139

141

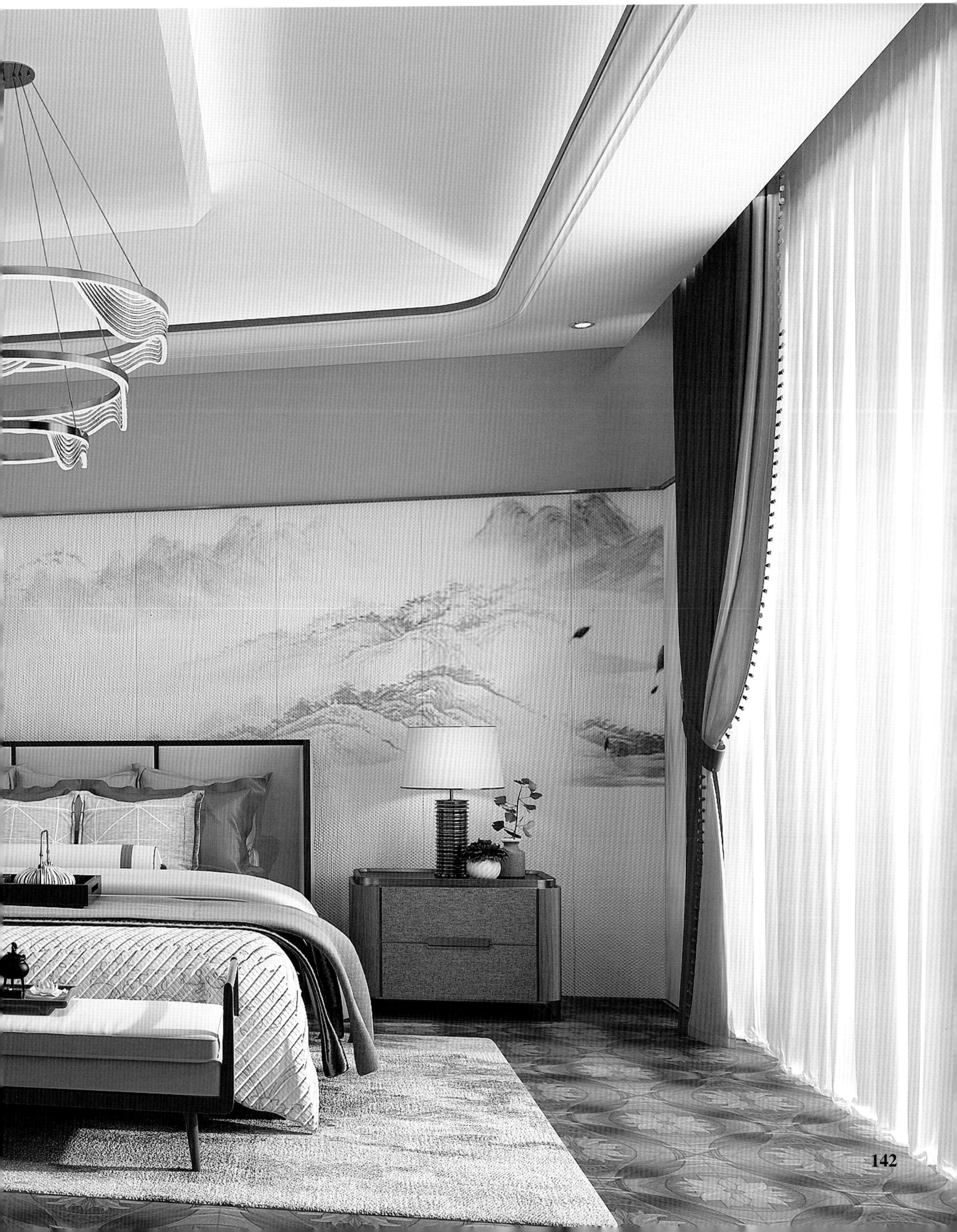

143

145

144

146

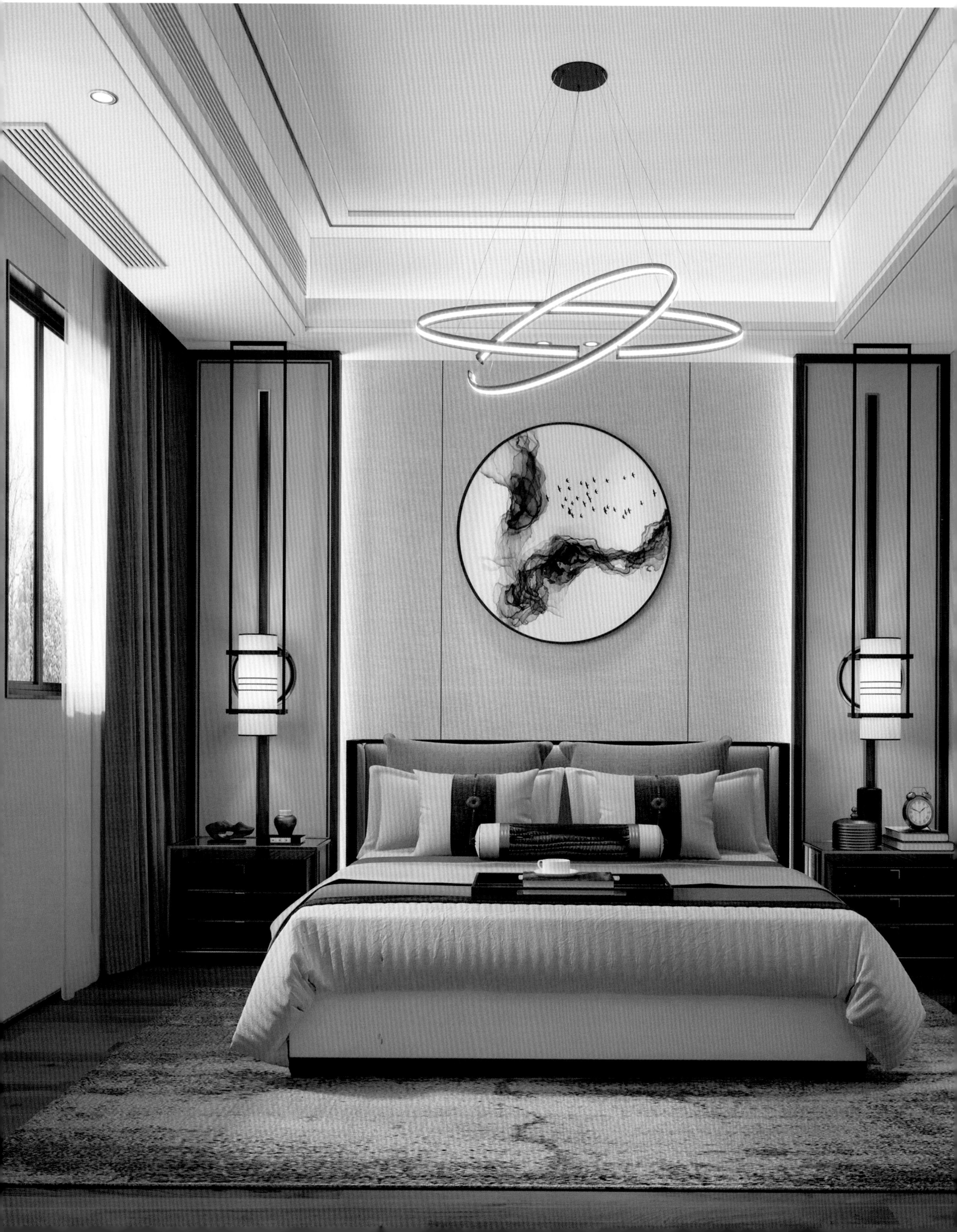

148

47

149

150

152

153

154

155

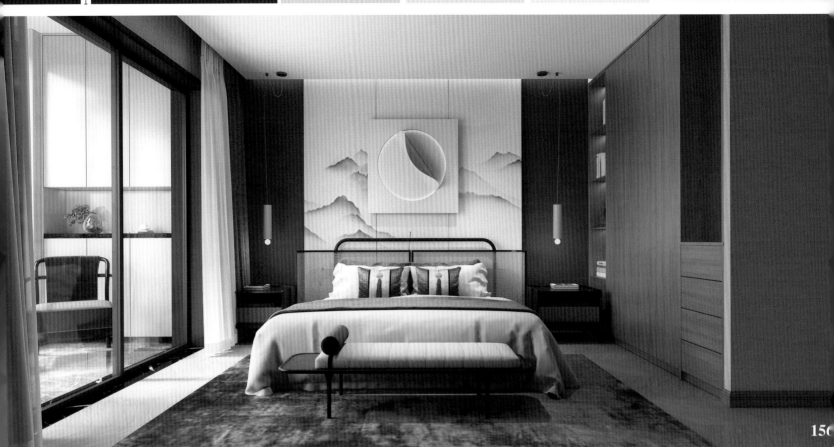

150

157

158

160

161

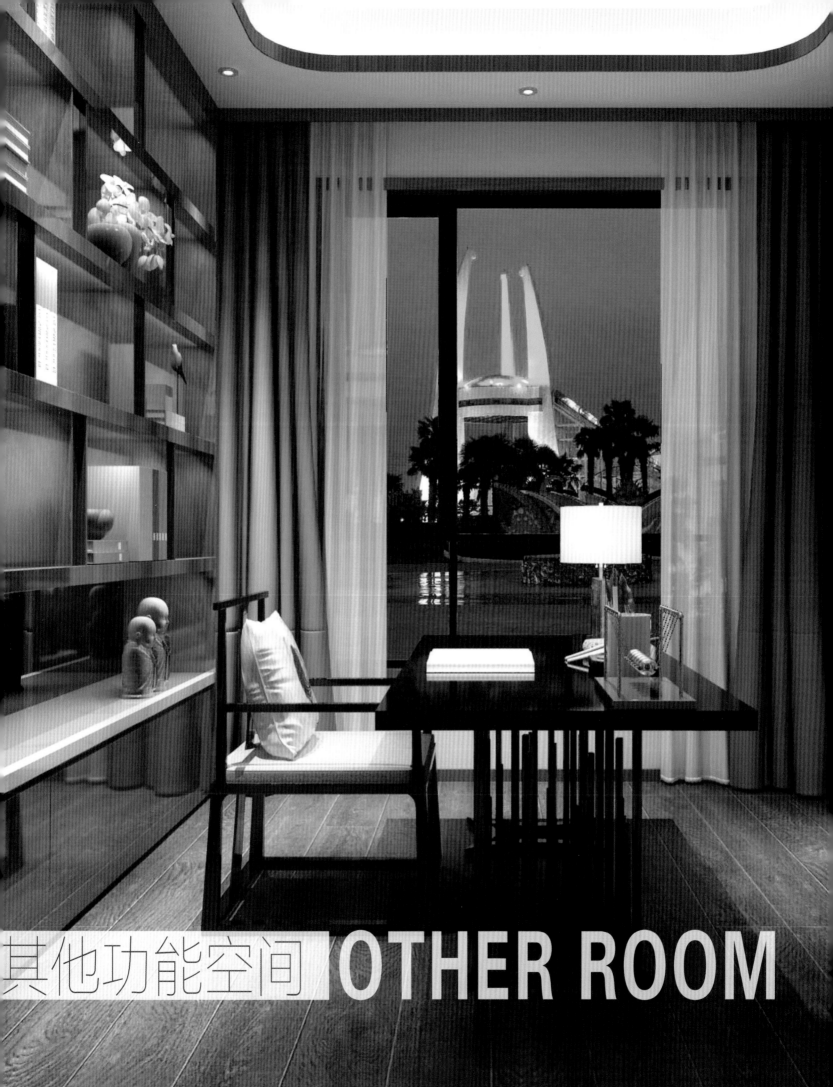

其他功能空间 OTHER ROOM

162

164

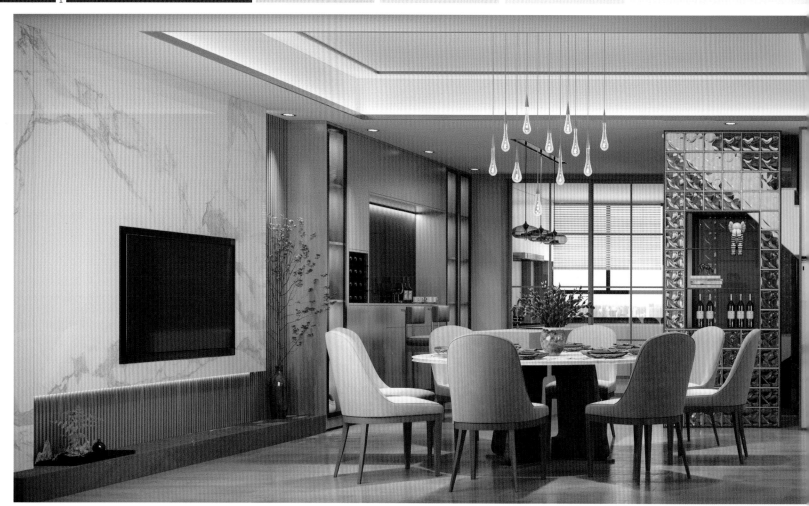

166

165

167

168

169

170

175

176

178

179

181

183

186

188

190

191

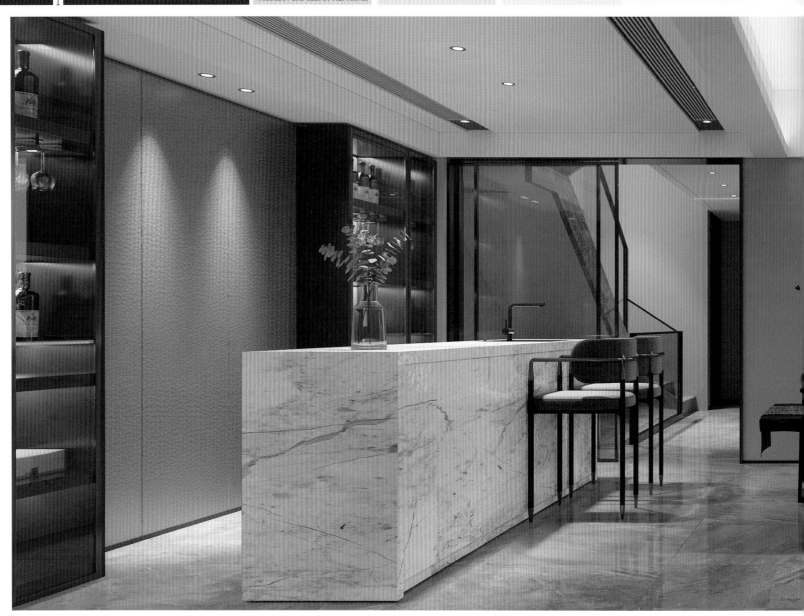

193

195

196

197

现代中式风格家居
MODERN CHINESE STYLE HOME

200

201

202

204

205

206

207

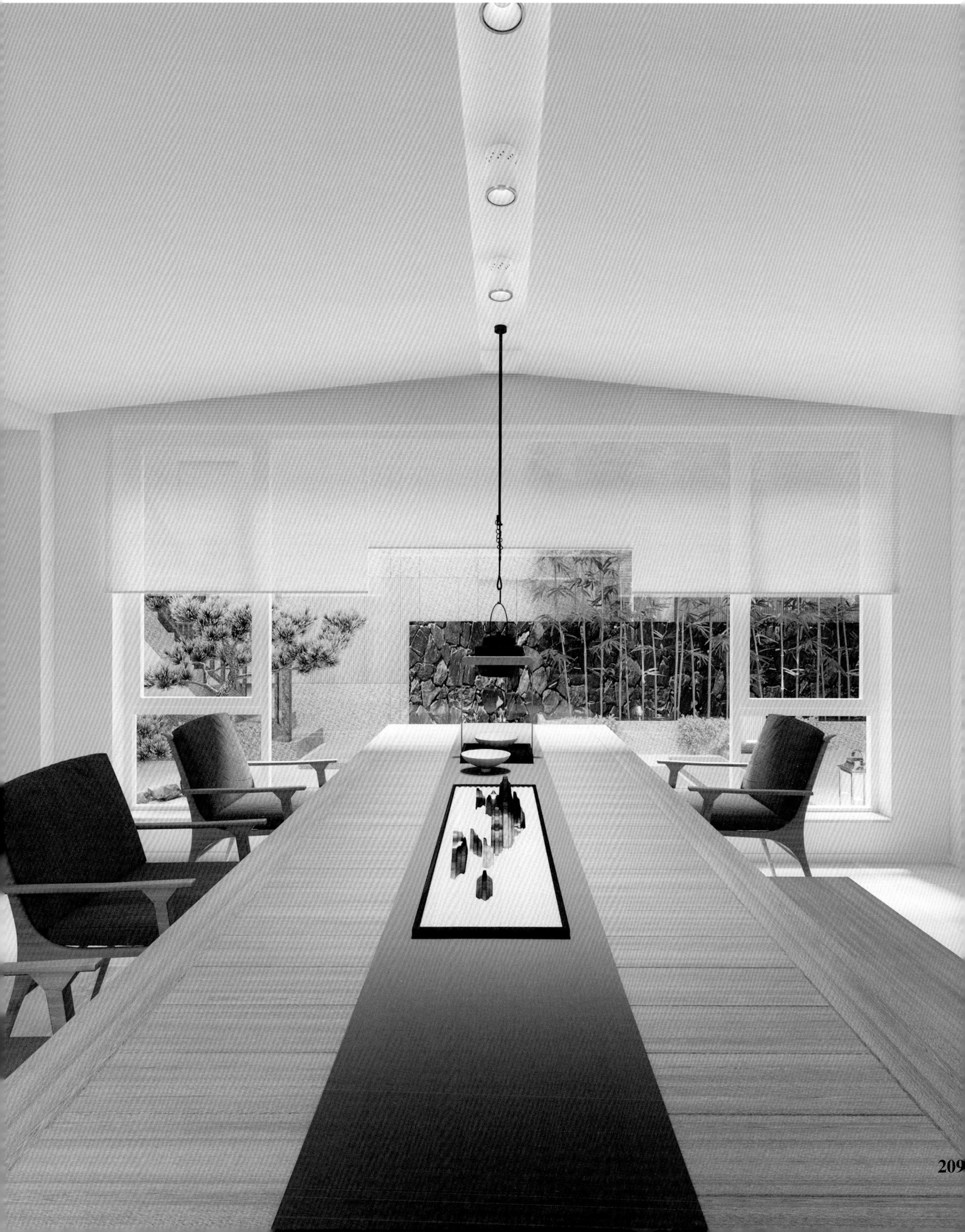

210

211

现代中式风格家居
MODERN CHINESE STYLE HOME

212

213

214

215

217

219

218

220

221

223

222

224

225

现代中式风格家居

226

229

230

231

232

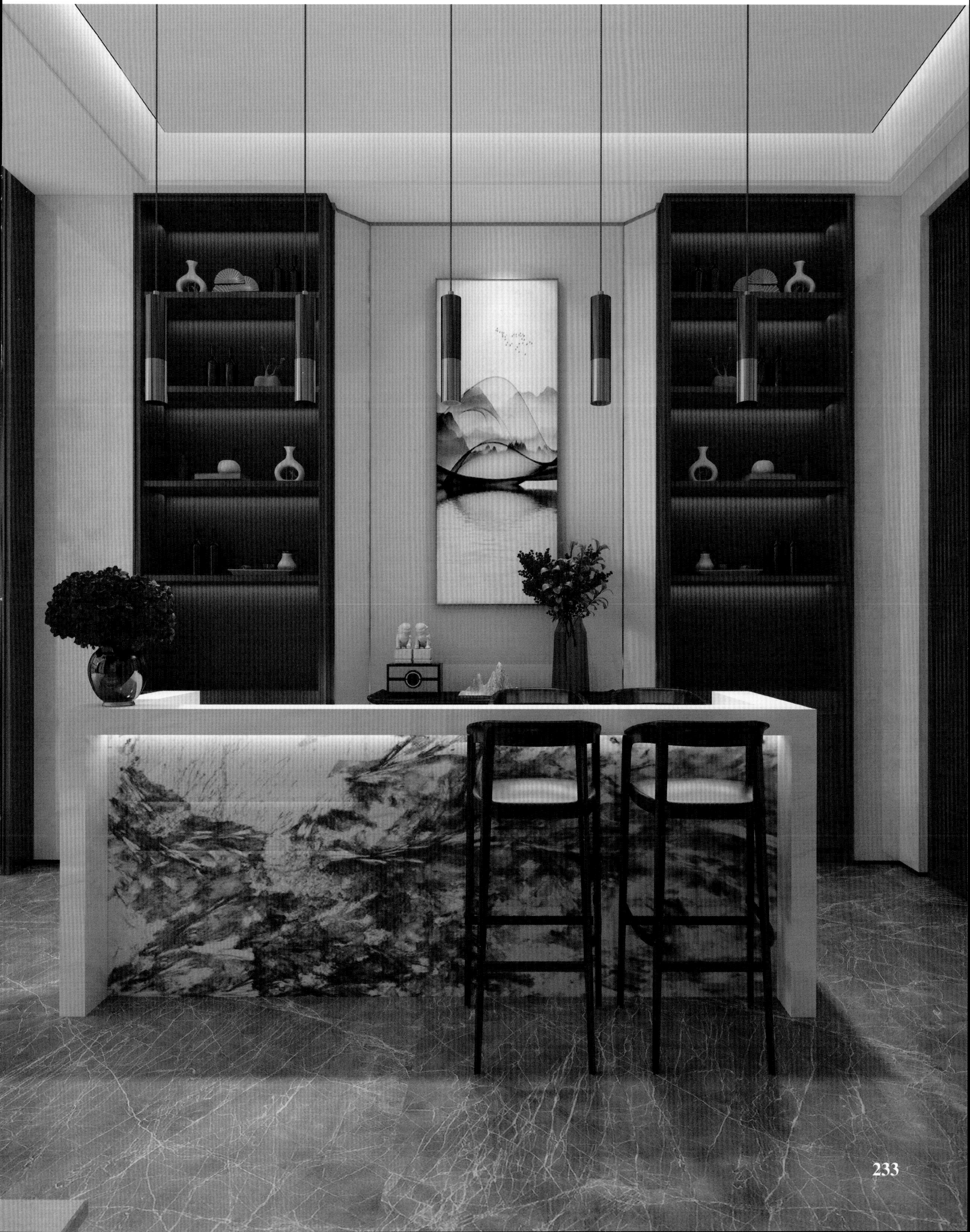

图书在版编目（CIP）数据

2021室内设计模型集成.现代中式风格家居/叶斌,叶猛著.—福州：福建科学技术出版社，2021.3
ISBN 978-7-5335-6374-5

Ⅰ.①2… Ⅱ.①叶… ②叶… Ⅲ.①住宅－室内装饰设计－图集 Ⅳ.①TU238.2-64

中国版本图书馆 CIP 数据核字（2021）第 034315 号

书　　名	2021室内设计模型集成　现代中式风格家居
著　　者	叶斌　叶猛
出版发行	福建科学技术出版社
社　　址	福州市东水路76号（邮编350001）
网　　址	www.fjstp.com
经　　销	福建新华发行（集团）有限责任公司
印　　刷	恒美印务（广州）有限公司
开　　本	635毫米 ×965毫米　1/8
印　　张	22
图　　文	174码
版　　次	2021年3月第1版
印　　次	2021年3月第1次印刷
书　　号	ISBN 978-7-5335-6374-5
定　　价	358.00元（含光盘）

书中如有印装质量问题，可直接向本社调换